# Daphne dibuja los DATOS

## Una aventura para contar historias con gráficos

Escrito por Cole Nussbaumer Knaflic
Ilustrado por John Skewes

ANAYA
MULTIMEDIA

A mis dragones encantadores
Eloise, Avery y Dorian

Daphne era una dragona a quien le encantaba dibujar. Dibujaba todo lo que la rodeaba: árboles, pájaros, montañas y arcoíris. Cuanto más dibujaba, más feliz se sentía.

También le gustaba dibujar algo poco habitual: datos. Los datos son la información que se usa para comprender mejor las cosas. A Daphne le gustaba convertir los números (su tipo de datos favorito) en unos dibujos llamados gráficos para responder preguntas y ayudar a otras personas.

—¿DATOS? —gritó Declan, su hermano mayor, cuando le enseñó su última obra maestra—. Los dragones no usan datos. Los dragones son feroces. Todo el mundo les tiene miedo.

Pero Daphne no quería dar miedo, prefería que la quisieran por ser amable e inteligente.

Así que salió de su cueva en busca de un lugar en donde poder ser ella misma.

FIRE

Y se fue a la selva.

—¡Uuu-uuu iii-iiic! —chilló un mono mientras se subía a un árbol.

—¡No soy peligrosa! —gritó Daphne—. Que sea una dragona no significa que vaya por ahí escupiendo fuego.

El mono asomó la cabeza.

—Hola, soy Daphne, la dragona dibujante de datos. Viajo por el mundo en busca de amigos a quienes poder ayudar.

De repente, estaba rodeada de monos.

—Alguien se ha comido todos nuestros plátanos —dijo uno de ellos.

Daphne miró a su alrededor. Debajo de cada árbol había un montón de pieles de plátano. Las contó y anotó los números en su cuaderno. Después dibujó los datos.

—¡Ajá! —dijo Daphne—. El culpable se ha estado comiendo los plátanos de este árbol.

Todos miraron hacia arriba. En la rama más alta estaba posado un tucán terminando de comerse un plátano.

—¡Hey! —gritó otro mono—. ¡Esos plátanos son nuestros!

El tucán los miró, resopló y levantó el vuelo.

El mono se volvió hacia Daphne y le dijo: —Daphne, nos has ayudado mucho, ¡nos sacaste de un gran apuro! ¿Quieres ser nuestra amiga? ¿Piensas quedarte con nosotros?

—¡Me encantaría ser vuestra amiga! —contestó Daphne—. Pero en la selva hace demasiado calor para mí.

A continuación, Daphne se zambulló en el océano.

—¡Uy! —dijo una gamba mientras se escabullía.

—¡No soy peligrosa! —dijo Daphne—. Además, soy alérgica al marisco.

La gamba se acercó nadando muy despacio.

—Hola, soy Daphne, la dragona dibujante de datos. Viajo por el mundo en busca de amigos a quienes poder ayudar.

De repente, se vio rodeada de gambas.

—Los cangrejos dicen que ellos caminan más rápido de lo que nadamos nosotras —dijo una gamba.

Una segunda gamba asintió: —No es justo. Ellos son más grandes.

Daphne midió todos los crustáceos. Cronometró el nado de las gambas y el curioso desplazamiento lateral de los cangrejos. Luego dibujó los datos.

—¡Ajá! —dijo Daphne—. ¡Ambos tenéis razón! Los cangrejos son más rápidos, pero el tamaño importa. Por lo general, cuanto más grande es el crustáceo, más rápido se mueve. Sin embargo, esto no parece ser cierto en el caso de los dragones.

Una gamba sugirió: —¡Vamos a emparejar a los que tienen tamaños similares!

—Daphne, nos has ayudado mucho, ¡los datos nos sacaron del apuro! ¿Quieres ser nuestra amiga? ¿Has venido para quedarte? —preguntó una gamba gigante, tras vencer a un cangrejo pequeño.

—¡Me encantaría ser vuestra amiga! —dijo Daphne—. Pero los dragones no están hechos para el mar, sino para el cielo.

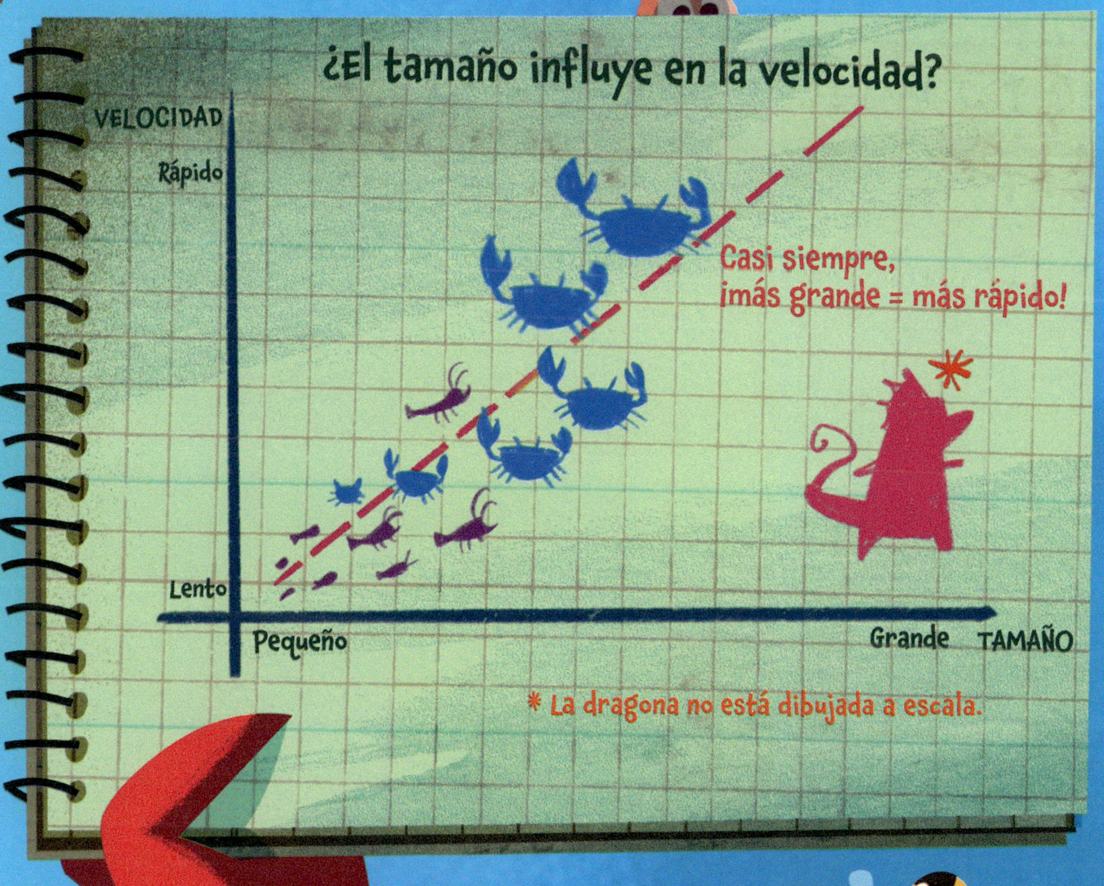

A continuación, Daphne viajó al espacio exterior.

—¡Chist! —musitó un alienígena mientras se escondía en un cráter.

—¡No soy peligrosa! —dijo Daphne—. Además, la gravedad de este planeta es tan fuerte que apenas puedo levantar las patas.

El alienígena asomó la cabeza.

—Hola, soy Daphne, la dragona dibujante de datos. Viajo por el mundo (y por el más allá) en busca de amigos a quienes poder ayudar.

De repente, estaba rodeada de alienígenas.

—Hemos estado jugando al escondite galáctico y he ganado —dijo uno de ellos.

—Sí —dijo otro—, por fin encontramos a Ricardo, pero no estamos seguros de tener suficiente combustible en nuestras naves espaciales para regresar a nustras casas.

Daphne se acercó a las naves y midió la cantidad de combustible de cada una. Después dibujó los datos.

—¡Ajá! —dijo Daphne—. ¡Hay una nave con suficiente combustible! Uno de vosotros puede usarla para regresar a su planeta y traer más combustible.

Uno de los extraterrestres se volvió hacia la dragona y dijo: —Daphne, nos has ayudado... ¡Los datos nos sacaron del apuro! ¿Serás nuestra amiga? ¿Has venido para quedarte?

—¡Me encantaría ser vuestra amiga! —dijo Daphne a los alienígenas—. Pero no puedo desplegar mis alas con este traje espacial.

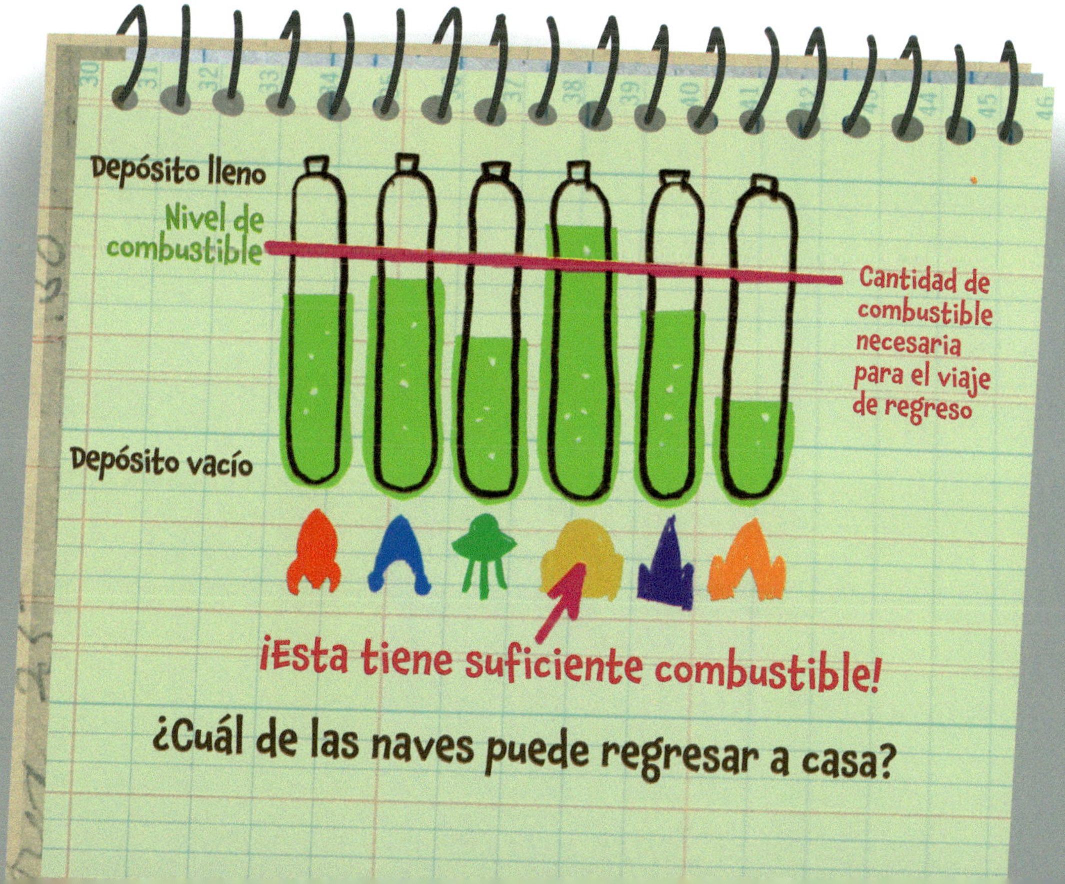

Daphne viajó por todas partes: resolvió los problemas de unos osos polares en el Ártico, guio a unos topos bajo tierra, ¡e incluso ayudó a algunos niños!

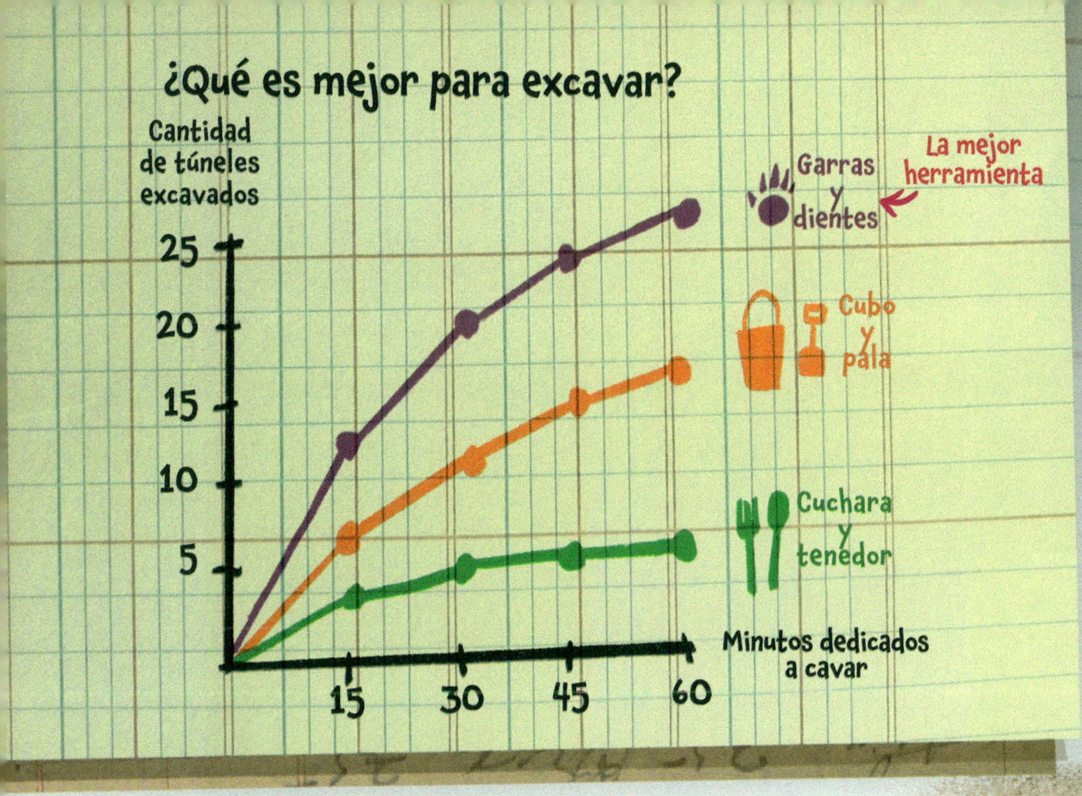

Y, entonces, Daphne se dio cuenta de que estaba haciendo amigos siendo ella misma. Solo le faltaba conseguirlo en un lugar más.

Daphne volvió al punto de partida: la cueva donde comenzó su aventura.

Encontró a Declan, que parecía triste. —Se me ha averiado la moto —dijo—. Y papá me obliga a usar mis dólares dragontinos para arreglarla, ¡pero no tengo suficientes!

—Creo que puedo ayudarte —dijo Daphne—. Déjame ver tu hucha.

Declan fue a buscar la hucha a su habitación. Daphne contó las monedas. Luego dibujó los datos.

—¡Ajá! —dijo—. Si sigues realizando tus tareas en la cueva, podrás ahorrar suficiente dinero en poco tiempo.

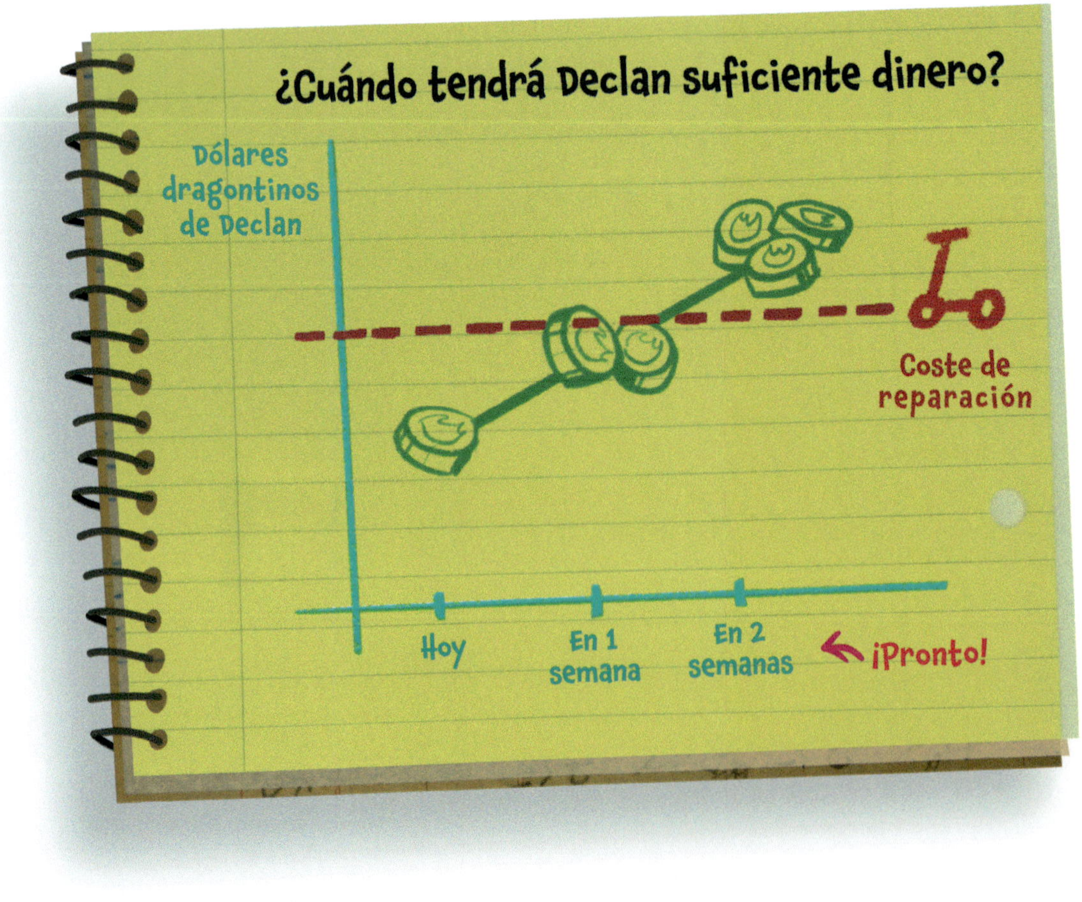

—¡Vaya! —exclamó Declan—. No sabía que dibujar datos era tan útil. ¡Daphne, eres la mejor!

Mientras Daphne le contaba a Declan los lugares que había explorado, los problemas que había resuelto y los amigos que había hecho, se dio cuenta de que estaba exactamente donde debía estar.

# Glosario de gráficos

¡Tú también puedes dibujar los datos!

En este glosario, encontrarás algunos métodos habituales de convertir números en dibujos (también conocidos como tablas o gráficos). Estúdialos para ampliar tu vocabulario sobre gráficos y así aprenderás a usarlos para responder a tus propias preguntas y conocer mejor el mundo.

Dibujar los datos va mucho más allá de hacer imágenes bonitas: se trata de historias que esperan ser contadas. ¿Qué misterios puedes resolver dibujando datos? En las páginas siguientes encontrarás actividades divertidas.

Descubrirás más actividades en DaphneDrawsData.com, donde también podrás compartir tus gráficos.

## Estos son los lápices de colores favoritos de Daphne: tienen diferentes tamaños porque usa unos más que otros.

Cuanto más grandes son, más lápiz queda por utilizar.

Si colocas los lápices de colores de Daphne de esta manera, parecen un gráfico de barras. Las barras pueden ir hacia arriba y hacia abajo (incluso hacia los lados). Una barra larga indica que hay mucho de algo, una corta implica que no hay tanto. También puedes comparar las alturas (o longitudes) de las barras dentro de un gráfico.

# Gráficos de barras: muestran cuánto hay de cada cosa y permiten hacer comparaciones.

En la selva, la barra más grande ayudó descubrir al ladrón de plátanos.

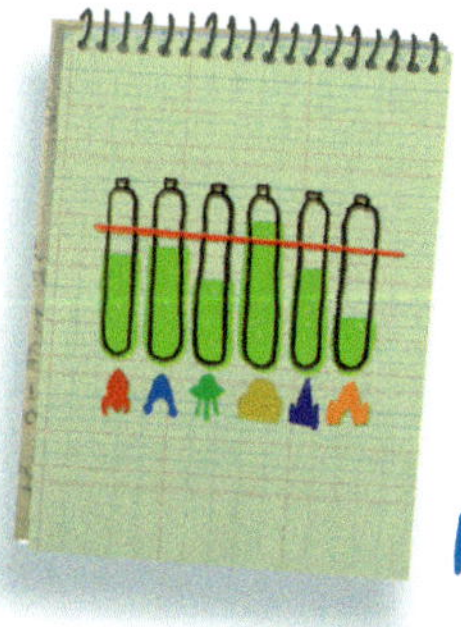

Un gráfico de barras apiladas mostró a los extraterrestres cuál era la nave espacial con combustible suficiente para volver a casa.

Un gráfico de barras invertidas mostró al buceador que alcanzó mayor profundidad durante las zambullidas de los osos polares.

## Tu turno: cómete un arcoíris

Anota todo lo que comes en un día, usando el color primario de cada tipo de alimento. Al final del día, cuenta los alimentos por categorías: rojo, naranja, amarillo, verde, azul/morado y blanco/marrón. Dibuja un gráfico de barras para ver cuánto comiste de cada categoría. ¿De qué color comiste más? ¿Comiste de todos los colores?

## Cuando Daphne estaba en la selva, sentía curiosidad por saber cómo variaba la temperatura del día a la noche.

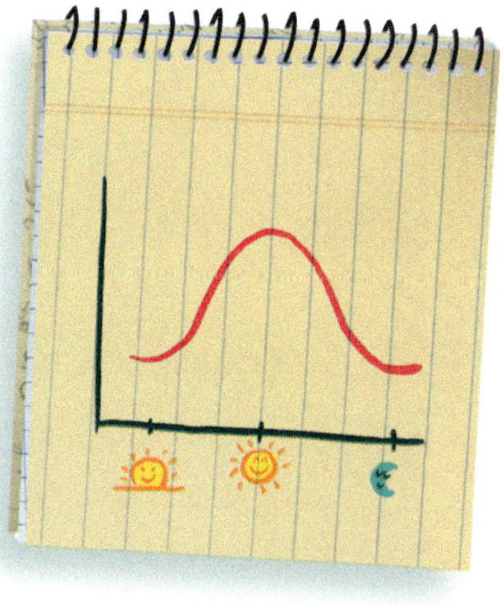

Un gráfico de líneas la ayudó a entenderlo. La línea empezaba abajo por la mañana, aumentaba a medida que hacía más calor durante el día y volvía a disminuir por la noche.

Un gráfico de líneas muestra cómo suben y bajan las cosas a lo largo de las horas, los días e incluso los años.

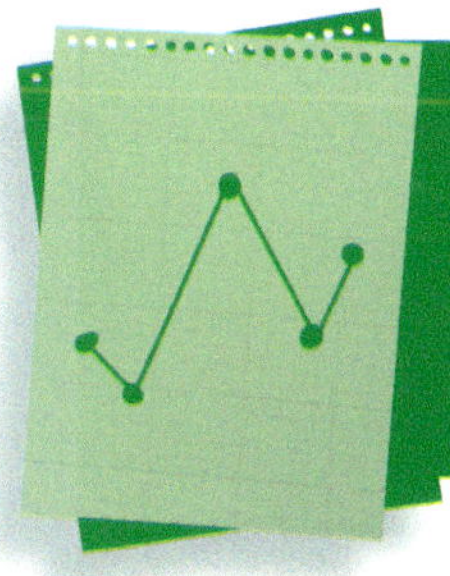

# Gráficos de líneas: muestran cómo evolucionan las cosas con el tiempo.

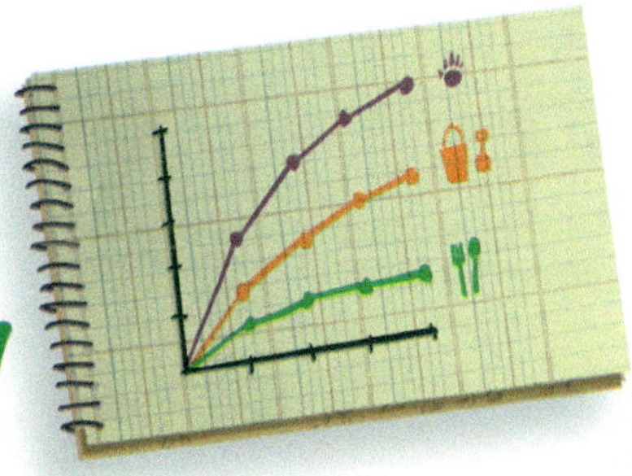

Tras cavar túneles con diferentes herramientas, los topos descubrieron que sus garras funcionaban mejor que el resto de las herramientas.

Declan se enteró de que tardaría dos semanas en ahorrar suficientes dólares dragontinos para reparar su moto.

## Tu turno: ritmo de lectura

Escribe cuántos minutos dedicas a leer cada día de una semana. Dibuja un punto para el tiempo total de cada día en un gráfico y únelos con una línea. ¿Qué has aprendido? Tarea adicional: pídele a un amigo que haga lo mismo y luego comparad vuestros resultados en un gráfico. ¿Quién ha leído más cada día?

## Para celebrar su regreso, Daphne y Declan comieron una deliciosa pizza con sus padres.

Un gráfico circular es como una pizza: se dibuja un círculo para representar el total de algo y luego se corta en trozos para mostrar las diferentes porciones o cantidades.

Los gráficos circulares sirven para saber si todos los trozos son más o menos del mismo tamaño o si alguno de ellos es más grande o pequeño que los demás.

# Gráficos circulares: muestran las partes de un todo.

En este gráfico circular se aprecia que el pavo real es la mascota menos popular de Picos del Pinar.

## Tu turno: tarta de actividades

¿Qué haces en un día normal? Calcula cuánto tiempo dedicas a realizar distintas actividades —dormir, ir al colegio, jugar, comer y hacer los deberes— y represéntalo con un gráfico circular. ¿Qué parte es la más grande? ¿Y cuál la más pequeña? ¿Te gustaría que alguna fuera de otro tamaño?

## Mientras Daphne y los alienígenas esperaban a que les trajeran más combustible, jugaron a las canicas.

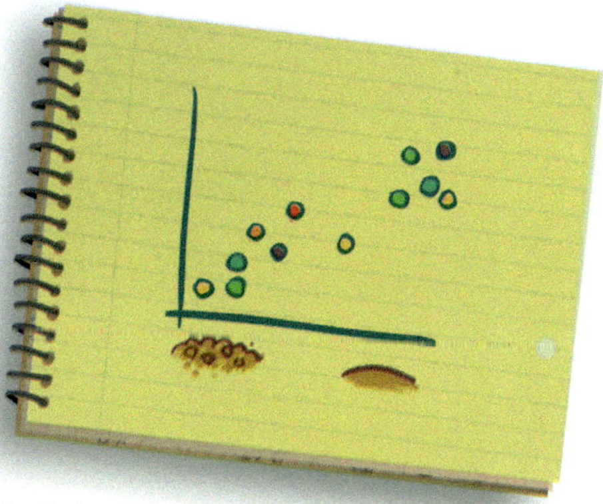

Tras hacer rodar un puñado por la superficie irregular del planeta, había canicas por todas partes: ¡parecía un gráfico de dispersión! Si el terreno era accidentado, se detenían más canicas en la misma zona, y cuando era liso, rodaban más lejos.

Los gráficos de dispersión son útiles para entender si dos cosas siguen algún patrón.

## Gráficos de dispersión: muestran cómo se relacionan dos elementos y si uno cambia cuando lo hace el otro.

Bajo el mar, Daphne demostró que los crustáceos pequeños no eran tan rápidos como los grandes.

## Tu turno: horas de sueño

Apunta las horas que duermes cada noche durante una semana. Por la mañana, anota cómo te sientes (en una escala de malhumorado a estupendo). Dibuja un gráfico de dispersión con las horas de sueño en un lado y el estado de ánimo en el otro. Coloca un punto por cada día en el que coincidan tu sueño y tu estado de ánimo. ¿Ves algún patrón? ¿Existe una cantidad ideal de horas de sueño que te haga sentir mejor?

TÍTULOS ESPECIALES

Título de la obra original: *Daphne Draws DATA. A storytelling with data adventure*

Diseño e imagen de cubierta: John Skewes

Realización de cubierta: Celia Antón Santos

Responsable editorial: Eugenio Tuya Feijoó



Edición española:

© EDICIONES ANAYA MULTIMEDIA (GRUPO ANAYA), 2024
Valentín Beato, 21
28037. Madrid
www.anayamultimedia.es

PAPEL DE FIBRA CERTIFICADA

Depósito legal: M-20553-2024
ISBN: 978-84-415-5119-0
Printed in Spain